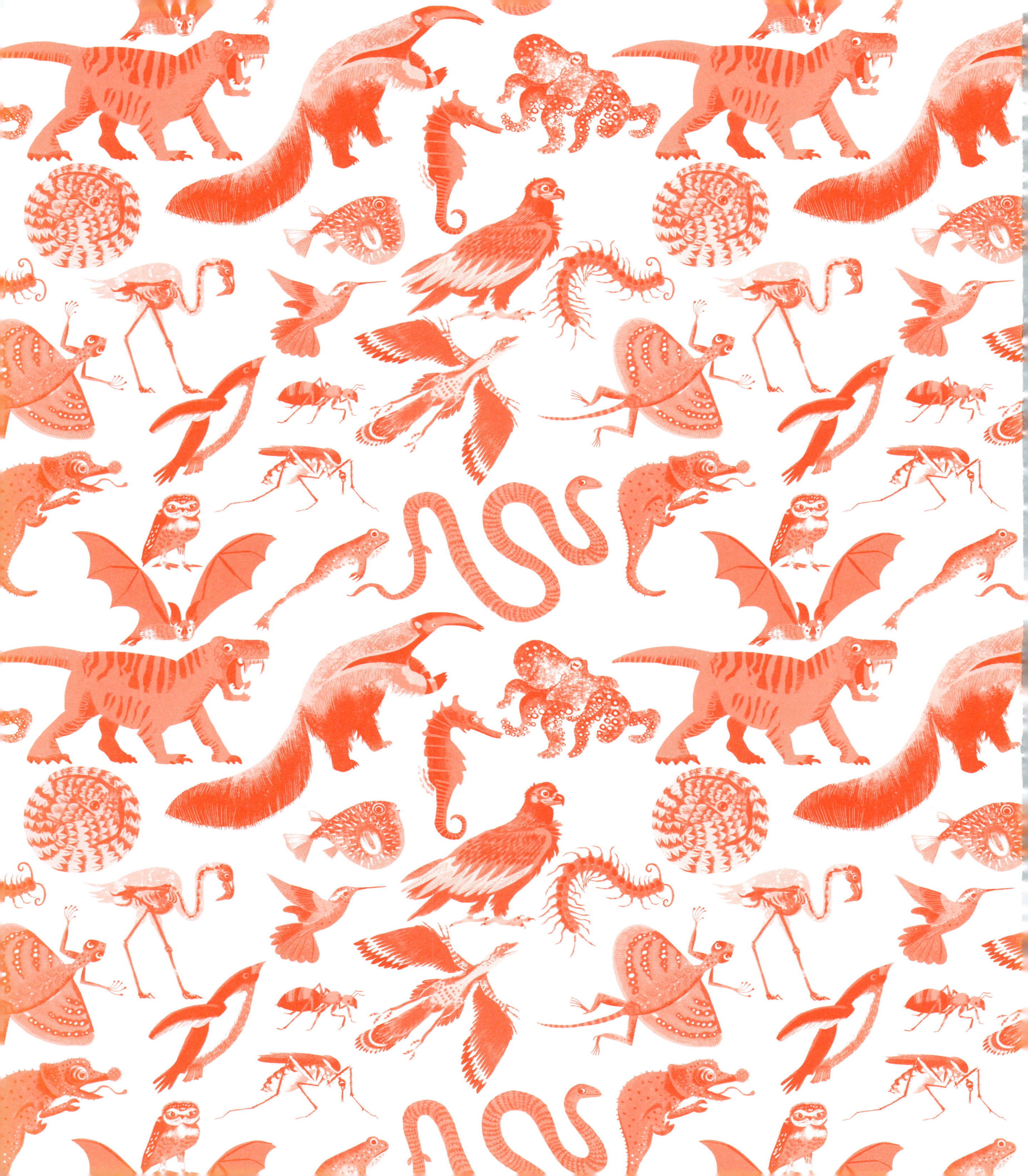

这本书属于

_____

_____

_____

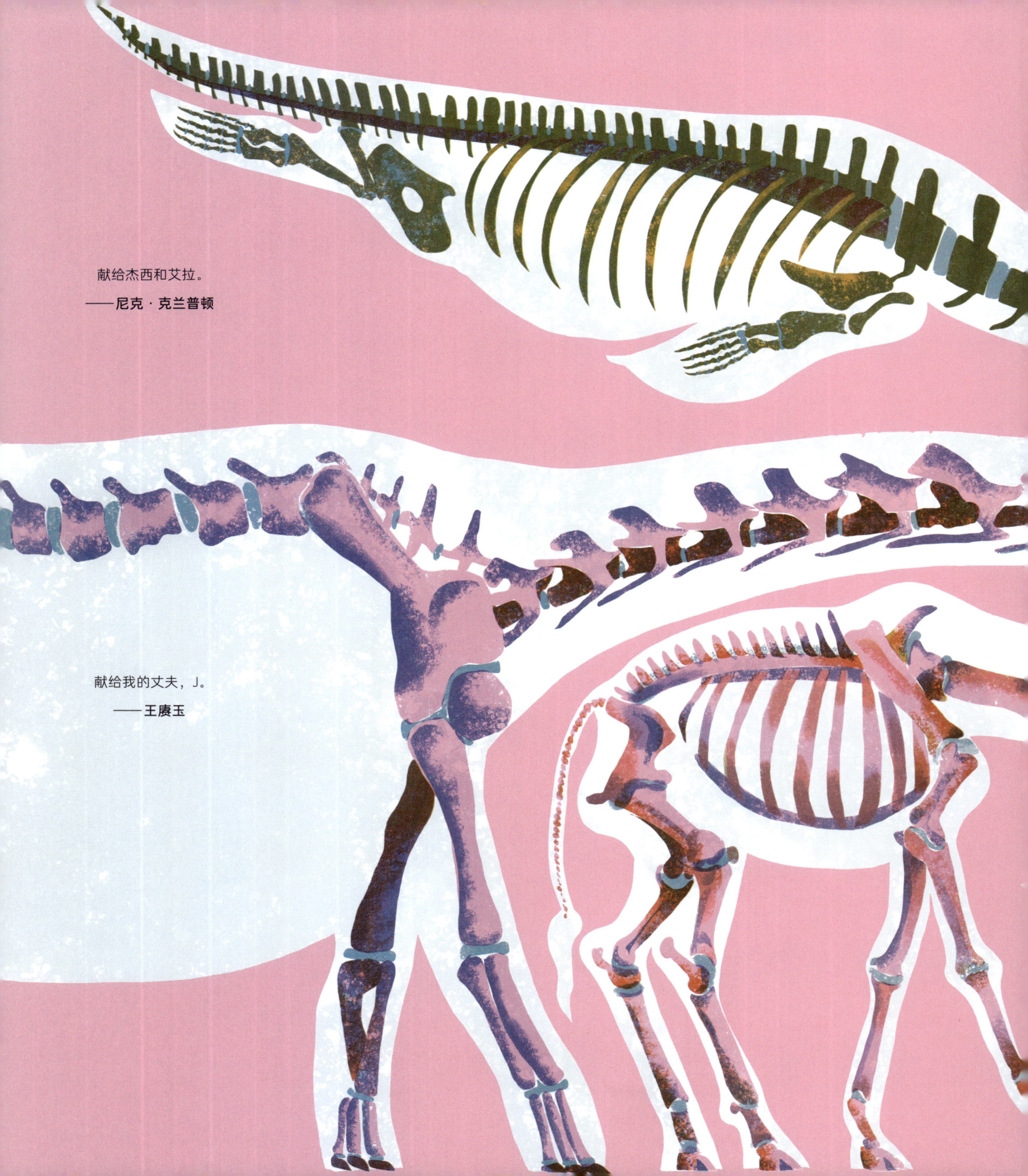

献给杰西和艾拉。

——尼克·克兰普顿

献给我的丈夫，J。

——王赓玉

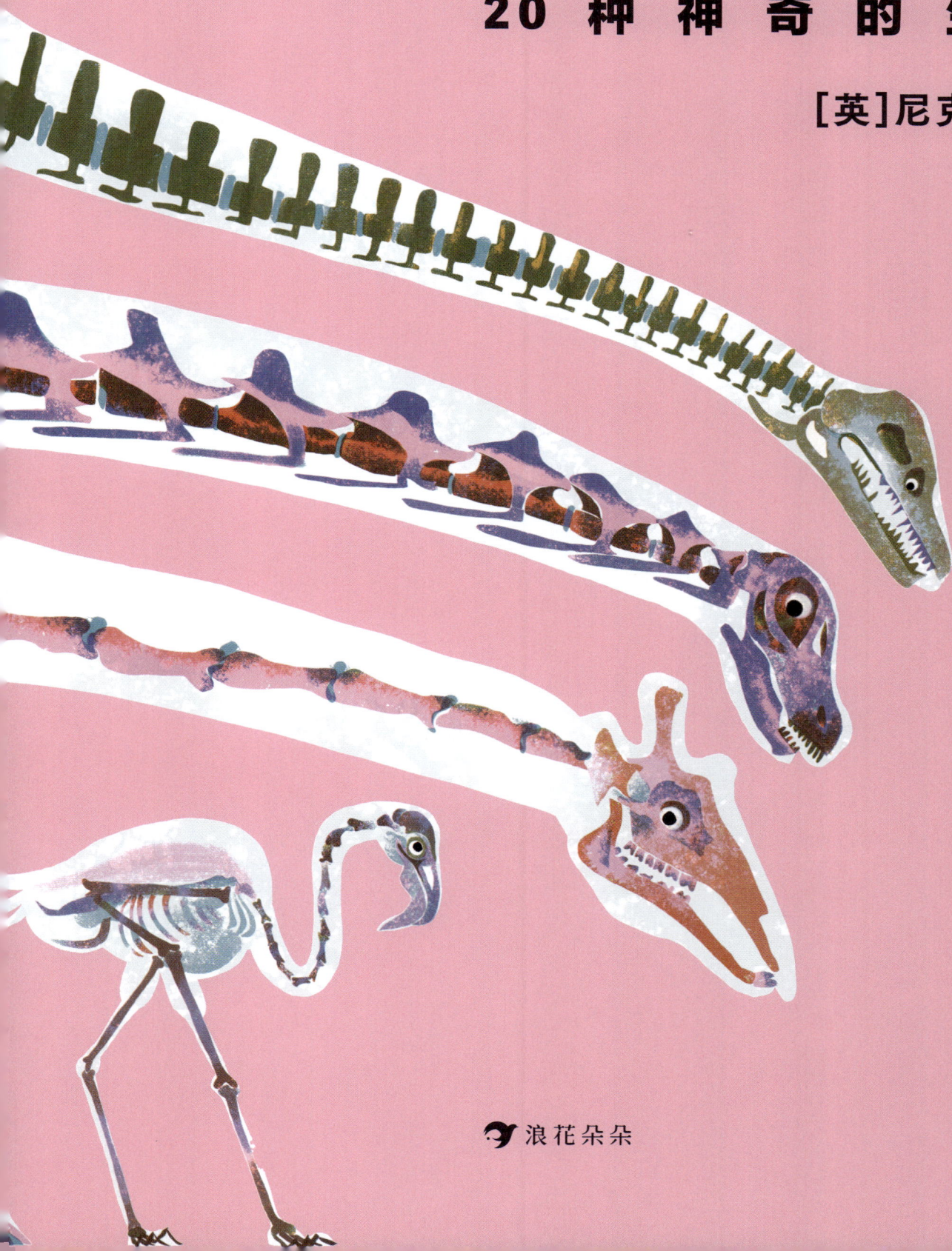

动物超能力

20 种神奇的生存技能

[英]尼克·克兰普顿 著

王赓玉 绘

林灵 译

浪花朵朵

贵州出版集团

贵州人民出版社

序 言

从没有大脑的海绵动物到富于智慧的灵长类动物，从微末蝼蚁到大象这样的巨兽，在进化树交错的枝干上，你目之所及的所有动物，每天都必须排除万难才能艰难求生。生活在地下的动物，需要钻土挖泥才能前行；而整日在热带雨林的枝丫间荡来荡去的动物，则必须掌握攀缘的技巧！

神奇的是，历经亿年的漫长时光，动物们的身体经过了成千上万世代的演化，逐渐发生了变化，它们的**身体部位**演化出了生存所需的各种功能。每一代动物的生理构造都会变得更利于它们生存。例如，脖子稍稍变长，更方便觅食；腿能奔跑得更快，易于逃脱天敌。动物们又会将这些身体部位的特征遗传给它们的后代。这就是**进化**！

动物们之所以会有天差地别的外形，是因为它们截然不同的生存方式：如何捕食、生活在哪里以及如何应对天敌。

右边的这棵进化树上，不同枝干上的动物相距越远，相互之间的亲缘关系就越疏远，通常而言，它们的外形差别也越大！爬行动物和硬骨鱼类关系密切（都有骨骼，大脑外形相似，眼睛的工作方式相同），而鲨鱼和水母之间则关系疏远，长相也大相径庭。

然而，有时进化却跨越了地域空间和生物种类，赋予不同的动物相似的构造，让它们获得了某种相同的能力。有些能力十分有用，在世界各地的动物身上都能看到，堪称动物"**超能力**"，是发生在它们身上的奇迹——种种相似的特征出现在毫无关联的动物身上（甚至有些动物的生存时代相隔数百万年）。再看看这棵进化树，标星（＊）表示这类动物身上某个奇妙的构造曾发生过完全独立的进化——从此便踏上无尽的独立进化之旅。而这样的例子数不胜数！让我们一起深入探索生物进化的壮举，寻觅那些在进化树上一次又一次（一次又一次！）出现的"超能力"吧！

水母＊

柱头虫

海绵

原始生命

两栖动物

鸟类

肺鱼[1]

鲨鱼＊

硬骨鱼类

爬行动物＊

海星

单孔目
哺乳动物＊
（如鸭嘴兽）

哺乳动物

非洲兽总目
（如大象）

灵长总目＊
（如类人猿）

有袋类动物
（如考拉）

劳亚兽总目＊
（如蝙蝠）

贫齿总目
（如树懒）

双壳贝类

蠕虫

蜗牛

章鱼

昆虫＊

线虫

天鹅绒虫

蜘蛛＊

蟹类

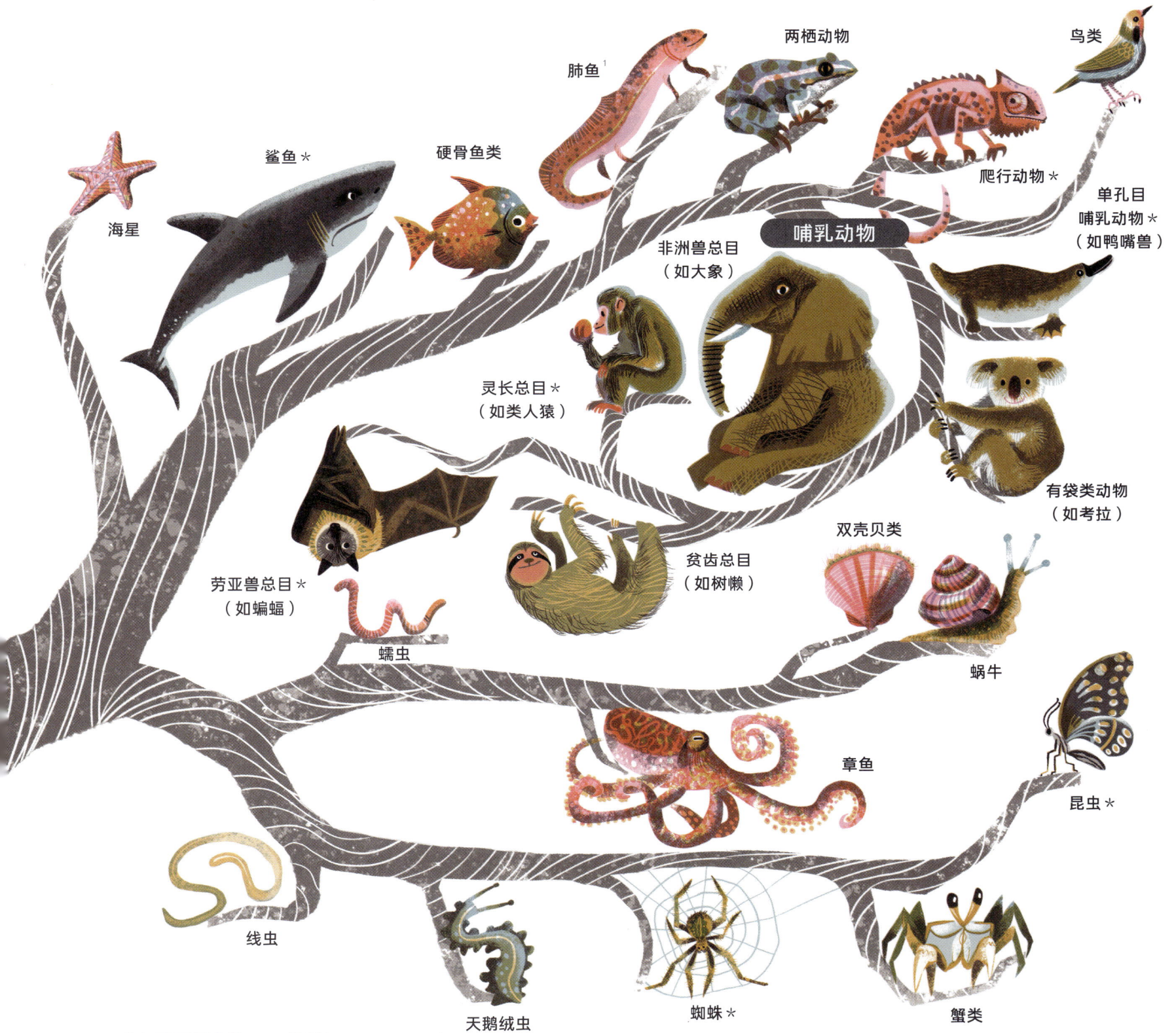

1 肺鱼属于硬骨鱼纲。——编者注

盔 甲

地球上任何生物，无论栖息在哪里，无论外形、气味如何，都会有掠食者想要将它们吃进肚子。

外面的世界的确危机四伏！因此，大多数动物一生都要尽力避免沦为其他动物的午餐。而不计其数的物种都进化出了**相同**的自我保护方式——"身披盔甲"。

在生命诞生后的最初30亿年里，一切生命都渺小而柔弱。而从某个时刻开始，一些柔嫩的生命开始蜕变为捕食者。直到在7.5亿年前（比第一批恐龙出现的时代还要早），一些微小的生物开始进化出"盔甲"，为"食物求生史"添上了浓墨重彩的一笔！

这种动物"超能力"被科学家们称为**生物矿化**，它是如此有效，因而在接下来的7.5亿年里，动物们不断踏上了"盔甲"的进化之旅……

➡ **克劳德管**生存的时代在很久以前，那时我们今天所知的大部分动物都尚未出现。这种生物锥形的外壳可以保护内部柔软的身体，使其免受早期捕食者的侵袭。与克劳德管同一时期，和蜗牛类似的有壳的动物也出现了。如今，全世界一共生活着超过10万种**有壳的软体动物**[1]！

1 有一小部分的软体动物的壳已经退化了，如乌贼。——编者注

↑ 2.6亿年前，**龟类**进化出了甲壳。龟壳是由通常存在于爬行动物体内的许多骨头（比如肋骨）演变来的。也就是说，海龟的肩膀和臀部是由"肋骨"包裹、保护在身体里的！

筑造**珊瑚礁**的动物是珊瑚虫，它们体形较小，身体柔软，会在身体周围形成骨骼，充当坚固无比的**防护罩**，抵御海水的冲击和鹦嘴鱼的啃咬。➡

甲龙

科莫多巨蜥的"盔甲"由成千上万块生长在鳞甲下的小骨头构成，称为皮内成骨。科莫多巨蜥争夺食物和配偶时，这些小骨头组合在一起就像一件坚不可摧的铠甲，保护它们不被同类咬伤。

许多已经灭绝的爬行动物，比如**甲龙**等恐龙，也纷纷进化出了皮内成骨保护自己……不过比起科莫多巨蜥这样的蜥蜴，恐龙与麻雀和鸡的亲缘关系更加密切！→

身披防护铠甲的哺乳动物（有脊椎、体表一般有毛且以乳汁哺育幼仔的动物）非常罕见，但**穿山甲**作为哺乳动物却能依靠鳞甲来保护自己，抵抗狮子等捕食者的伤害。它们的鳞甲由角质构成，与构成人类指甲和犀牛角的物质相似。↓

科莫多巨蜥

皮内成骨

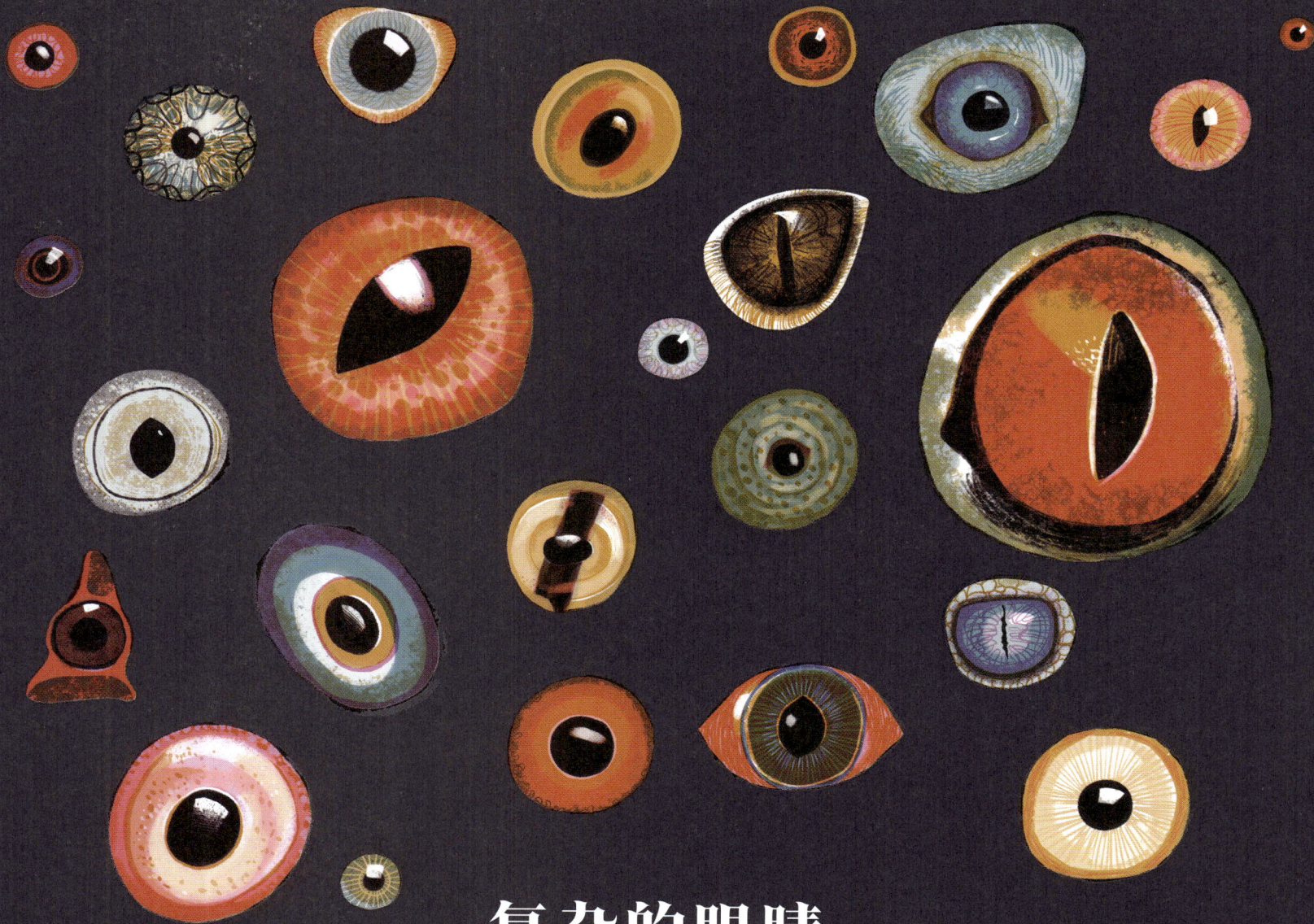

复杂的眼睛

感知周围世界的方法有很多，有些动物依靠触觉，有些动物利用嗅觉来定位美味的午餐，以及避免自己沦为其他动物的大餐。

触觉、嗅觉等大多数感官只有当被感知物近在咫尺时才能察觉其存在。但倘若能够捕捉物体反射的光线，再将其转化为信号传送至大脑，就意味着你拥有了**视觉**！

大约6亿年前，在那个生命只存在于海洋之中的时代，最简单的眼睛结构（仅能感知明暗）首次进化出来。而如今，各种各样的动物都具备了视觉。

能感知光线是件好事，但只有拥有更强大的视觉，才能更精准地察觉危险、定位食物，才能通过观察外界获得信息，与其他动物交流。想做到这些，就需要一双更加复杂的眼睛，而这正是进化赋予无数动物的能力！

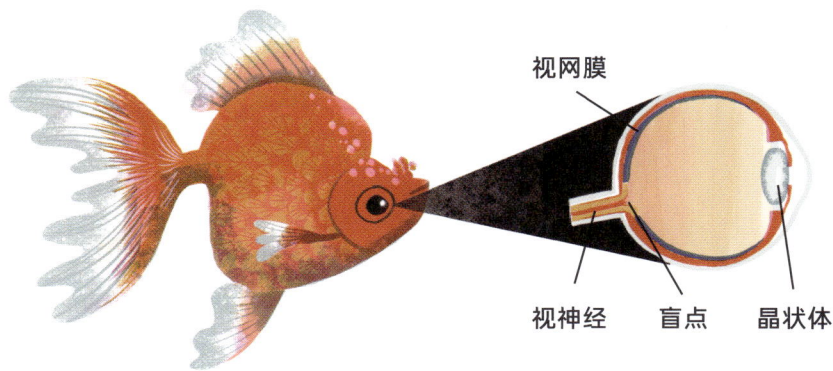

↑ 有脊椎的动物（包括我们人类！）称为脊椎动物，这类动物最早出现在5亿年前。而今天，从**金鱼**到大猩猩，所有具备眼睛的脊椎动物，都有类似的"照相机式"的复杂眼睛。这种眼睛能通过透明的晶状体，精确地将光线聚焦到眼睛后部一个特殊的敏感区域（视网膜）上。

视网膜 视神经 盲点 晶状体

↑ 在动物王国中，与脊椎动物毫无亲缘关系的**章鱼**，完全独立地进化出了类似的"照相机式"眼睛。和脊椎动物一样，它们那相机般的眼睛也有晶状体和敏感的视网膜，但眼睛外部不像我们那样有保护层覆盖。章鱼的眼睛甚至比脊椎动物的眼睛更加强大：和我们不一样，它们的视神经与大脑之间的连接方式更为高效，因而视网膜上不存在盲点！

视网膜 晶状体 视神经

↓ **水母**与脊椎动物基本没有亲缘关系，不过有一种名为"加勒比箱水母"的箱水母，也同样进化出了"照相机式"眼睛。这种水母的钟状身体的四角上各有6只眼睛。虽然水母都没有大脑，但这种水母能将光信号发送到布满它们钟状身体的神经网络，然后由神经网络决定如何处理这些信息！

视网膜 晶状体

↓ 在生命之树的另一枝干上，眼睛踏上了截然不同的进化之路。**昆虫**生有复眼，这种复眼并非通过一个晶状体聚焦光线，而是依靠成千上万个微小的六边形结构来感知光线和颜色，这种结构称为小眼。这些小眼密密麻麻组合在一起，昆虫得以同时看到几乎所有方向。

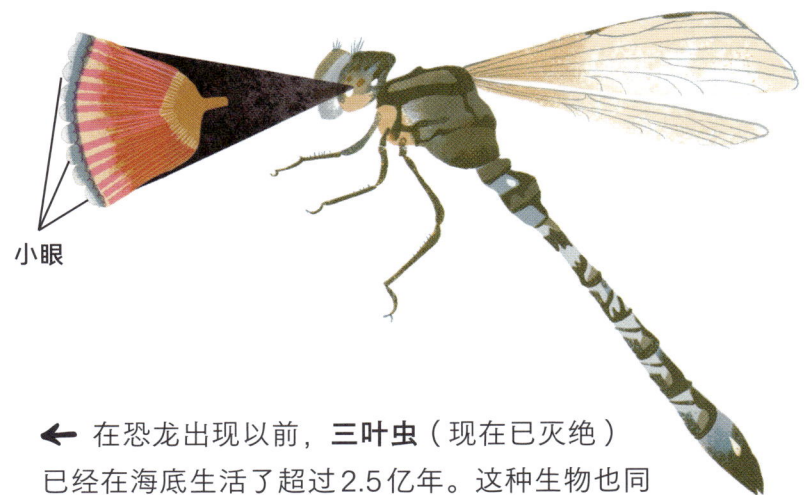

小眼

← 在恐龙出现以前，**三叶虫**（现在已灭绝）已经在海底生活了超过2.5亿年。这种生物也同样长有类似复眼的结构，而它们的"小眼"是由方解石晶体构成的，也就是说它们的眼睛其实是石头！这些晶体是透明的，作用等同于透明的晶状体。

翅 膀

地面是动物栖息的理想场所，可以为动物们提供藏身之所，有丰富的动物可供肉食动物狩猎，还生长着可供植食动物填饱肚子的植物。但再隐蔽的藏身之所也可能会被发现，陆地上的猎物也许速度太快难以捕捉，无法吃到高处植物的情况也时常发生……这些时候在地面生活就没那么舒适了。因此，生命在第一次跌跌撞撞地离开海洋之后，很快又进化出可以扇动的**翅膀**，也是理所当然。

飞行是躲避捕食者的好办法，也是一种非常有效的出行方式，在长途跋涉时比纯脚力快得多。

但振翅飞行是件相当**复杂**的事。动物需要扇动宽阔而弯曲的翅膀，让翅膀下方的空气压力大于上方的空气压力，以此创造"升力"。这是一种堪称神奇的空中悬浮能力。不仅如此，飞行还需要强大的肌肉力量。

尽管如此，我们仍发现了数量众多的可以振翅飞行的动物，最早的可以追溯到3亿多年前……

翼龙

→ 最早振翅飞行的动物是早期的**昆虫**和它们的近亲。这些生物纤薄的翅膀究竟如何进化而来，动物学家们目前尚无定论。据猜测，这些翅膀可能由鳃进化而来，最初的功能可能是帮助昆虫取暖或降温。一种名为**二叠拟巨脉蜓**的昆虫生活在2.9亿年前，是有史以来最大的能飞行的昆虫。它的翼展达70厘米，体形堪比雀鹰！

向上拍动

向前挥动

向下拍动

向后挥动

二叠拟巨脉蜓

↑ 大多数昆虫扇动翅膀的方式与其他会飞行的动物略有不同。昆虫既能前后挥动翅膀，也能上下拍动翅膀。有些蚊子拍打翅膀的频率可达800次/秒！

→ 在2.01亿至1.45亿年前的侏罗纪时期，生有羽毛的恐龙中出现了一些特别的家伙。比起它们的同类，这些幸运儿生来胸肌就略微厚实一些，骨骼也更加轻巧。在此之前，它们的羽毛唯一的作用是保暖，但因为有了更加强健的肌肉，它们得以利用轻盈的羽毛驾驭气流，翱翔天际。鸟类是迄今为止唯一仍存活于世的"恐龙"。下次吃烤鸡的时候，记得看看它的骨架，说不定你会发现自己的大餐其实是迅猛龙的后代。

始祖鸟

蝙蝠飞行并非依靠羽毛，它们利用自己纤细的指骨之间薄薄的皮肤，向下推动空气。作为唯一的真正会飞的哺乳动物，蝙蝠可以捕捉到其他哺乳动物可望不可即的昆虫，它们也因此繁衍壮大。现如今，蝙蝠的种类占到了地球上哺乳动物的1/5！→

蝙蝠

↑ 除了以上这些动物，唯一进化出羽翼的动物是**翼龙**。翼龙是古爬行动物，与恐龙只是远亲。它们生活在2.2亿至6500万年前，完全独立地演化出了飞行功能。和蝙蝠一样，翼龙的翼膜也自指骨间延展开来，但仅仅由一根极为细长纤弱的指骨支撑。这个例子很好地说明了不同动物进化时，解决某个问题的方案大体一致，但具体方式却截然不同……

以蚂蚁和白蚁为食

或许你已经注意到，觅食对于动物来说非常重要，确保到嘴边的食物不被其他动物夺走也十分重要。

有些动物化身为吃"特殊食物"的专家，专吃其他动物不吃的特定食物。这些食物可能难以得到，也可能具有毒性，抑或只是味道难以下咽。倘若只有你会吃某种食物，那你就可以独享它们了！

而如果你选择的这种食物还随处可见，那就更好了。论数量，没有多少动物能与昆虫媲美，特别是与**蚂蚁**和**白蚁**一争高下。

全球蚂蚁的数量令人叹为观止，蚂蚁的种类有超过1万种［相比之下，从鼩鼱（qújīng）到鲸，哺乳动物仅有约5400种］。除了南极洲，蚂蚁几乎遍布所有大陆，总数或超过20,000,000,000,000,000只。白蚁分布的地区没有蚂蚁那么广泛，但作为社会性昆虫，每个蚁丘中生活的白蚁都密密麻麻，数量庞大。

以蚂蚁和白蚁为食并不容易：这些昆虫体形微小，生活在地下，厌恶入侵者，蜇咬的威力也不容小觑。这就是为什么经过进化能独自享用这种"饕餮盛宴"的小动物，都具备一些极为有效的捕食手段。

大食蚁兽的舌头长度可达60厘米，占身体长度的1/3！在整个动物王国里，大食蚁兽这样的舌头比例为数不多。它们的舌头简直是为深入它们最爱的食物巢穴量身打造的利器。

大食蚁兽

前肢强壮，但过于短小无法挖洞，这样的特征往往是动物为了侵入昆虫巢穴而进化出来的。据此，古生物学家（专门研究古代生物的科学家）认为**鸟面龙**可能是生活在7500万年前的一种食蚁恐龙。

土狼看起来与它们的近亲鬣狗很像，但你别以为它们也喜欢成群结队地捕食大型动物。实际上它们大多数时候只会用又长又黏的舌头来捕食蚂蚁、白蚁等昆虫。

强壮有力的前肢、又长又黏的舌头，生活在亚洲和非洲的**穿山甲**身上也有这些特征，它们也吃白蚁和蚂蚁。过去，科学家们认为穿山甲与食蚁兽是近亲，但我们现在知道，即便二者都拥有黏糊糊的舌头，它们的亲缘关系也比穿山甲与狮子、猪，乃至鲸的亲缘关系要远得多。穿山甲还进化出了鳞甲保护自己，避免因为猎物蜇咬受伤。

分布于中美洲和南美洲的**小食蚁兽**与树懒亲缘关系密切，甚至也生活在树上。它们那长度惊人的舌头上覆盖着黏糊糊的唾液，"啧"的一声就能轻而易举地将蚂蚁卷走。这些动物还长有大大的爪子，可以扒开蚂蚁和白蚁的蚁丘。

鸟面龙

土狼

穿山甲

小食蚁兽

听声"视"物

蝙蝠是如何依靠那双小小的眼睛在夜间清晰视物的？它们的视力如此敏锐，不仅能在漆黑昏暗的环境中避开障碍物，还能捕食仅有几毫米长的昆虫。很长一段时间内，人类都对此大为不解。

直至20世纪30年代，科学家们才发现，蝙蝠不仅拥有灵敏程度惊人的听觉，还具备一种异常巧妙的"超能力"——**回声定位**。具备这项能力的动物能发出频率很高的声波（这种声音远超出人类可听到的声音频率范围），再用耳朵接收从周围物体上反射回来的微弱回声。它们通过接收回声所需的时间，来测定周围的物体的位置，得出一张精准无比的地图。

这一发现问世时，"声呐"正处于研发阶段。这是一种用于潜艇的技术，可以隐秘地探测水中其他船只的方位，工作原理与回声定位如出一辙。生物进化竟然让世界上最聪明的工程师沦为手下败将，真让人难以置信！

不仅仅是蝙蝠，其他动物也进化出了这项"超能力"，帮助它们在眼睛无法发挥作用时辨别方位。

蝙蝠发出的声波
反射回来的声波

蝙蝠是最广为人知的拥有回声定位能力的动物。这一能力在不同种类的蝙蝠身上或许进化了两次。蝙蝠利用喉部飞速发出响亮尖锐又短促的高频声波，再利用极灵敏的大耳朵听辨回声。除了一些体形巨大的果蝠，几乎所有蝙蝠都有回声定位能力。细到人类的发丝，小到夜空中飞舞的蚊子，都逃不开它们的声波探测。

海豚和虎鲸等齿鲸也是常见的能进行回声定位的动物。不过齿鲸虽然探测猎物的方式和蝙蝠一致，但发声的机制却截然不同。齿鲸通过呼吸孔正后方一组名为"猴唇"的肌肉发出超声波，再用脸颊前部的凸起将声音汇集放大。齿鲸没有大大的外耳听辨回声，依靠充满脂肪的下颌接收声音并传回内耳。

猴唇

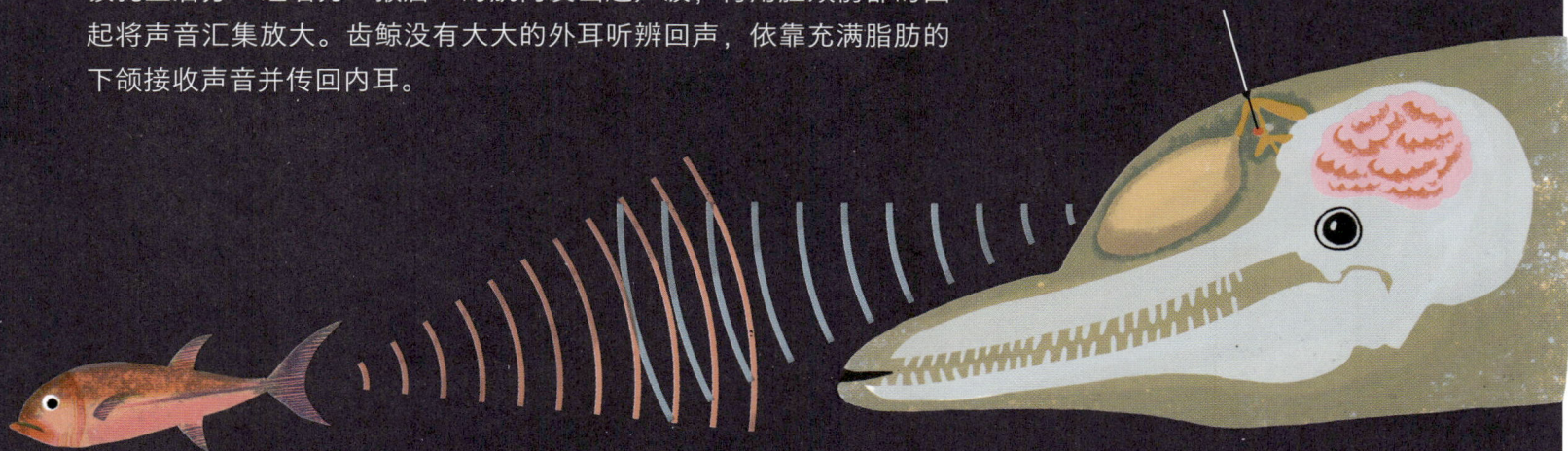

一些习惯在黑暗中捕猎或在漆黑洞穴中栖息的鸟类也进化出了回声定位的能力。部分生活在亚洲的**金丝燕**和生活在南美洲的油鸱与蝙蝠相似，能利用声带发出急促的咔哒音，在黑暗中飞行时依靠回声定位避开障碍物。

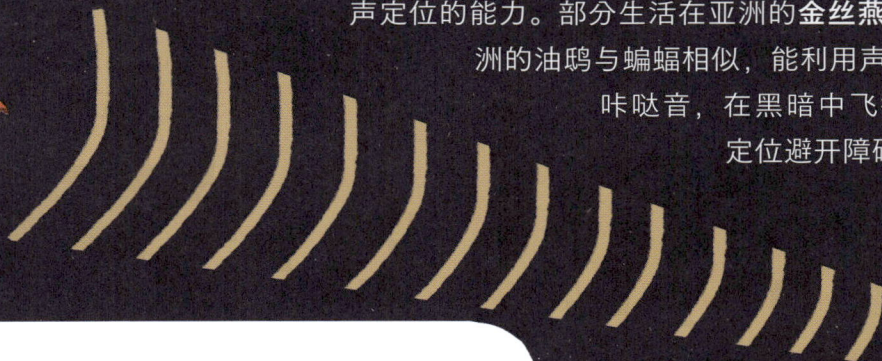

不仅生活在黑暗洞穴和光线昏暗的水中的动物会使用回声定位。生活在中国森林的**猪尾鼠**也拥有这种能力。它们在森林的地面和树枝上爬行时，会发出尖锐的声音，以此寻找光线昏暗的藏身之处和能够躲避捕食者的逃生路线。尽管栖息地环境截然不同，亲缘关系也较为疏远，但和海豚、金丝燕、蝙蝠一样，这些猪尾鼠的大脑也进化了，能够将接收到的回声信号，转化为周围环境的地图。

毒 液

被吃掉很糟糕。地球上没有动物（除了少数寄生虫）愿意被其他动物吃进肚子。因此，在数百万年的时光里，动物们为了避免被吃掉，进化出了成千上万种求生能力。

大部分动物依靠速度（奔跑、游泳、跳跃或者爬行）简单直接地逃离捕食者，但这种方式会消耗巨大的能量。而且，如果捕食者行动的速度比它们还要快呢？

一种比较高明的应对之法就是将自己变得难以下咽，这样一来其他动物就不想吃你了。许多动物会利用体内的化学物质生成毒素，把自己变得很难吃，甚至会让捕食者生病。利用**毒性**抵御潜在捕食者是一种十分高明的办法，动物王国中使用这种策略的动物比比皆是。

这些毒素还可以有更阴险的作用：攻击其他动物，让它们失去行动能力，只能被吃掉！想将毒素注入猎物体内，最好的办法就是利用某种尖锐的工具……就好比……螫（shì）针！毒素加上尖锐的器官，这样的组合在不断进化。

↓ 侏罗纪时期，**爬行动物**的祖先在唾液中进化出了毒素，此后出现的许多种类的蛇也纷纷进化出了各式各样的毒液。当蛇咬住猎物时，毒液会通过中空的毒牙注入猎物体内。

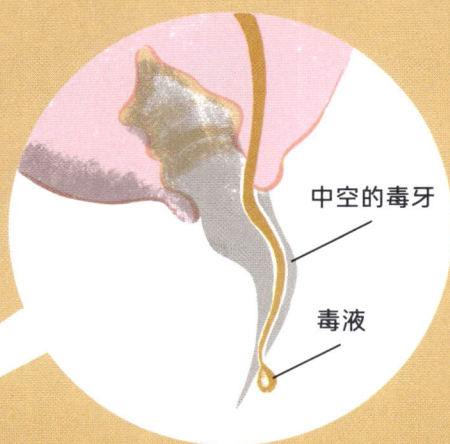

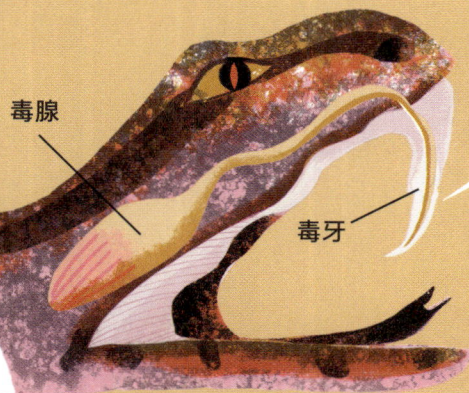

中空的毒牙

毒液

毒腺

毒牙

有些蛇进化出的毒液堪称剧毒！生活在澳大利亚中部的细鳞太攀蛇是世界上毒性最强的蛇之一，咬一口排出的毒液量足以杀死100个成年人！

毒腺

尽管十分稀少，但也有少数哺乳动物进化出了毒液。分布于东南亚的**蜂猴**看似没有任何攻击性，但实际上，它们前臂上的腺体能分泌毒液。这种毒液可以帮助它们防备天敌。蜂猴舔舐腺体后，就能产生有毒的唾液。在争夺资源时它们会用这种唾液攻击同类。

→ **沟齿鼠**是一种罕见的小型哺乳动物，主要生活在加勒比海地区。在森林中，这种动物会利用细长的鼻子嗅闻隐藏在树叶下的猎物。它们的鼻子下端长有两颗长长的门牙，牙上带有用于注射毒液的凹槽，这一点和蛇相似。不同的是，沟齿鼠的毒牙并非长在上颌，而是长在下颌。

← 无脊椎动物也同样具有杀伤力。许多**蜈蚣**都是有毒的，可以通过靠近头部的腭牙将毒液注入猎物体内。澳大利亚箱形水母是海洋中毒性最强的动物。它们长长的触手上分布着一种名为刺丝囊的刺细胞，里面有盘旋的刺丝，能够飞速射出，并将剧毒注入猎物体内。

以尸体为食

地球承载的生命数量浩瀚，庞大到不可思议。

仅在一小片土壤中，就可能生活着成千上万只昆虫和其他无脊椎动物（即身体中没有脊椎骨组成的脊柱的动物），更不用说数以万计的微生物。而这，仅仅是一小片土壤。据科学家推测，地球上可能生活着多达一亿种不同的动物，每年还会有数百个新的物种被发现。而所有这些动物都能被一件事联系在一起——**死亡**。

这似乎很令人沮丧，但对于那些喜爱吃腐烂尸体（即**食腐**）的动物而言，地球简直遍布美食！

食腐听着或许有些倒胃口，但在动物王国中十分常见。对动物们来说，这其实是件好事情——谁都不想在尸体堆里走来走去。经过食腐动物们或小口啃噬，或大口吞食，动物的尸体最终转化为土壤和其他物质，成为我们赖以生存的土地的一部分。这也就是为什么这种"超能力"不断进化对动物来说是件好事。

葬甲，又称埋葬虫，在几千米外就能嗅出动物死亡的气息。它们会将尸体埋进土壤，将之作为哺育后代的场所。不同于其他甲虫，有些种类的葬甲会在幼虫孵化后继续照顾它们。虽然这些葬甲以动物尸体为居所，但它们也确实堪称尽职尽责的父母。➘

葬甲

葬甲幼虫

两种生活在世界两端的动物，却以相同的办法应对问题，这样不可思议的生物进化的例子有许多，**新大陆秃鹫**便是其中之一。这些鸟的脖子可以伸长，喙擅长撕咬食物，头部没有羽毛，外形看上去与旧大陆秃鹫很相似，但实际上它们之间毫无关联！旧大陆秃鹫与鹰的亲缘关系密切，而新大陆秃鹫在鸟类的族谱上，反倒有可能与长着长腿的鹳自同一分支进化而来[1]。➡

新大陆秃鹫

1 学界关于新大陆秃鹫的祖先究竟是哪类动物尚有争议。——编者注

⬇ **旧大陆秃鹫**，主要分布于亚洲、非洲和欧洲三大洲，它们对所在的栖息地的环境来说举足轻重。它们不仅通过食用腐肉处理了动物们腐烂的尸体，还能将尸体上的细菌一并消灭。而对其他动物来说，吃下腐肉会对它们造成伤害。

旧大陆秃鹫

丽蝇

在有些种类的秃鹫栖息的环境中，还有另一种扮演着清道夫角色的动物——**条纹鬣狗**。和秃鹫一样，条纹鬣狗胃里有强大的胃酸，能消灭对绝大多数动物来说都很危险的细菌。⬇

论处理尸体，昆虫的解决方案截然不同。许多种类的**丽蝇**都会把卵产在动物的尸体内，这样幼虫（也就是蛆，或许你见过它们）在孵化后就有几乎无穷无尽的食物可以享用了！

卵

蛆

19

长长的脖子

　　自生命在地球上诞生起，许许多多不同种类的动物都在不同的时间段进化出了长长的脖子。这足以证明长脖子这一身体构造一定是一种非常重要的进化。

　　然而，要弄清某种动物某些身体部位的作用有时困难重重。因为往往这些部位并非只有单一用途，而是同时兼具多种用途。仅仅依靠动物利用身体的某个部位做了某件特定的事，并不足以判定最初促使该部位进化的原因。比方说你的鼻子，人类的祖先进化出鼻梁来一定不是为了架太阳眼镜，但如果有外星人研究人类，也许会误以为这就是我们脸上长着多块软骨的原因。

　　因此，尽管我们在动物身上看到某些不可思议的构造反复出现，但引起进化的原因时常充满谜团。这也正是我们研究动物**长长的脖子**时面临的问题……

长颈鹿是现如今地球上最高的动物。一般观点认为，随着气候变化，长颈鹿的栖息地由森林变成了大草原，它们为了啃食更高处的树叶才进化出长长的脖子。不过雄性长颈鹿之间也会利用长长的脖子进行对决，一争高下。而它们的脖子之所以这么长，是因为颈椎骨的长度更大，并非块数更多——长颈鹿颈椎骨的数量和人类一样！➡

天鹅、**火烈鸟**等鸟类的脖子往往很长，原因在于它们的脖颈处的颈椎骨数量较多。这些鸟类可以利用长脖子获取溪流和水道底部的小动物、植物等难以够到的食物，而不会弄湿全身。➡

火烈鸟

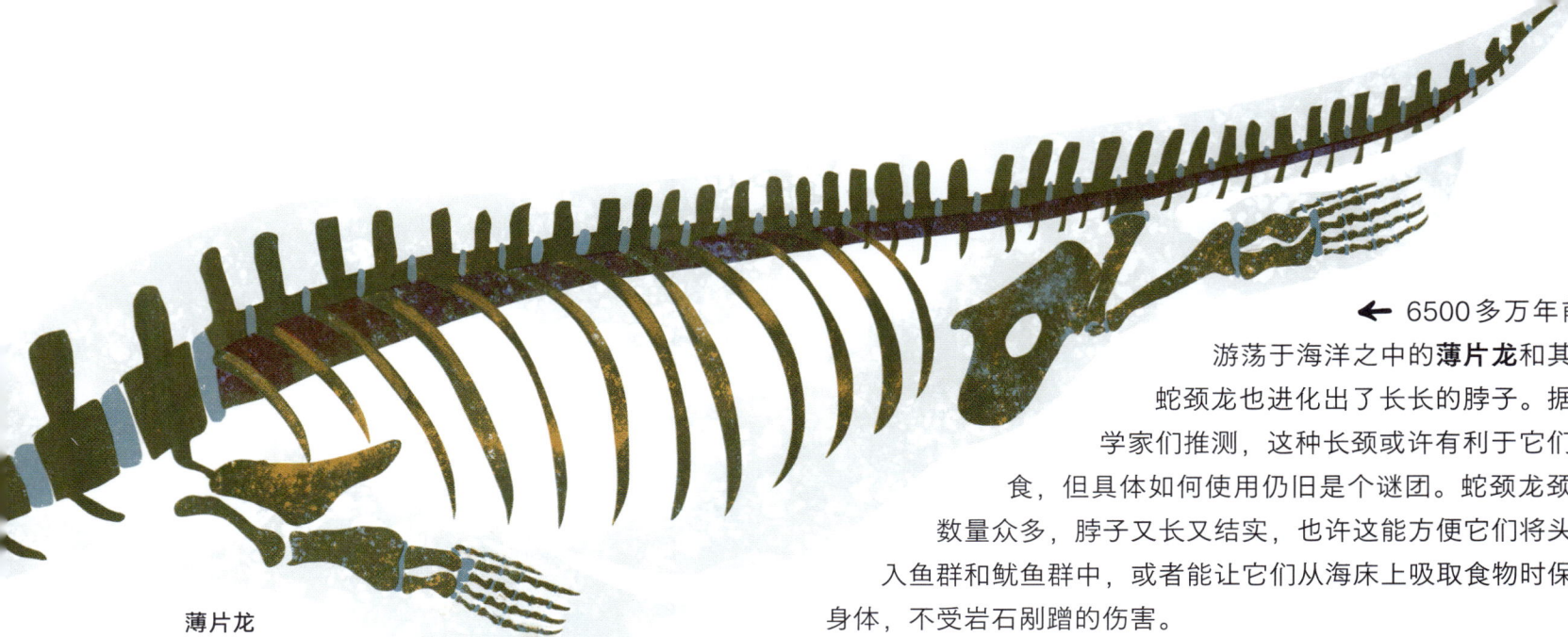

← 6500 多万年前，游荡于海洋之中的**薄片龙**和其他蛇颈龙也进化出了长长的脖子。据科学家们推测，这种长颈或许有利于它们捕食，但具体如何使用仍旧是个谜团。蛇颈龙颈骨数量众多，脖子又长又结实，也许这能方便它们将头伸入鱼群和鱿鱼群中，或者能让它们从海床上吸取食物时保护身体，不受岩石剐蹭的伤害。

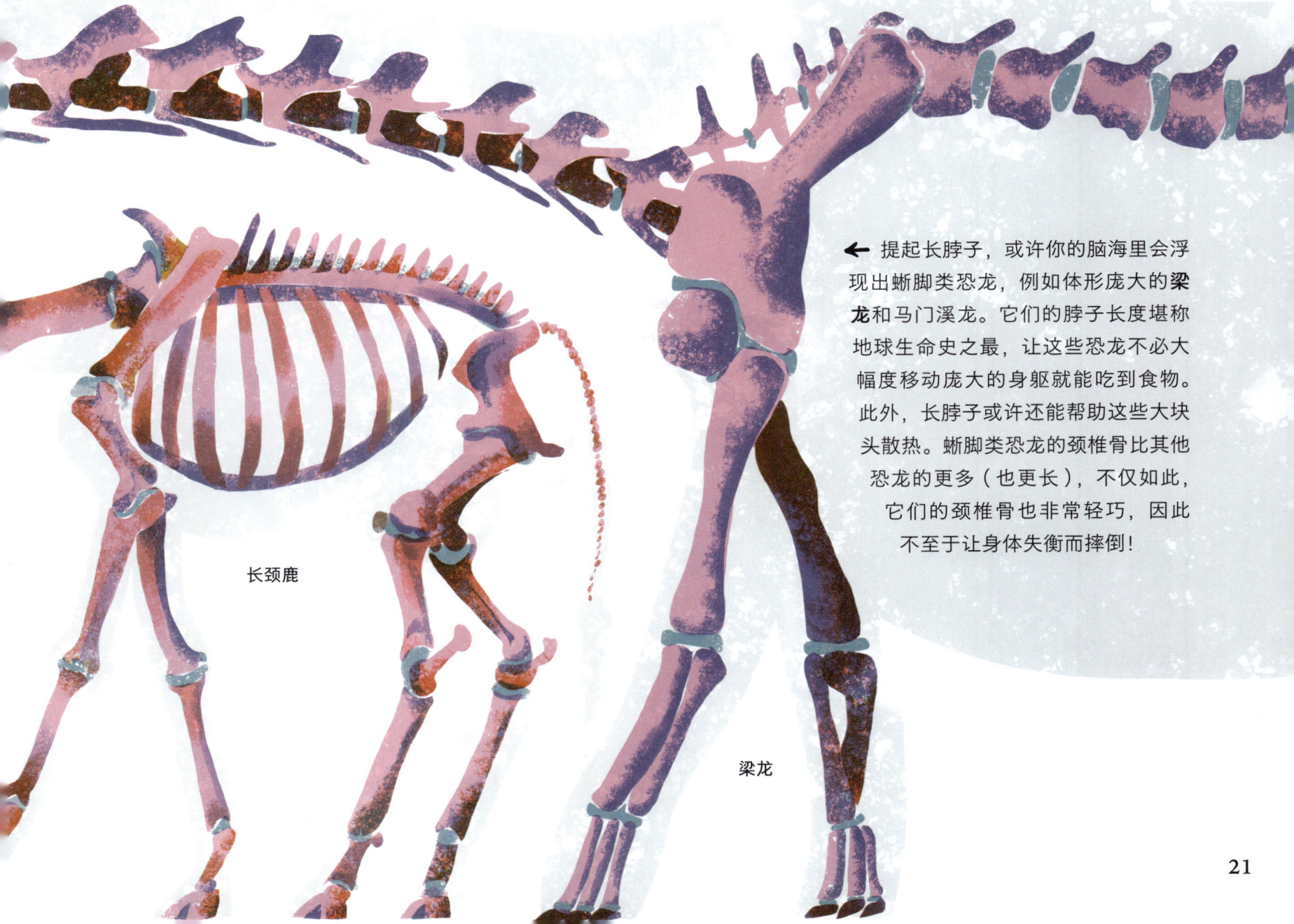

薄片龙

← 提起长脖子，或许你的脑海里会浮现出蜥脚类恐龙，例如体形庞大的**梁龙**和马门溪龙。它们的脖子长度堪称地球生命史之最，让这些恐龙不必大幅度移动庞大的身躯就能吃到食物。此外，长脖子或许还能帮助这些大块头散热。蜥脚类恐龙的颈椎骨比其他恐龙的更多（也更长），不仅如此，它们的颈椎骨也非常轻巧，因此不至于让身体失衡而摔倒！

长颈鹿

梁龙

21

跳 跃

动物躲避危险时，通常要挑选前后左右某一个方向逃命。可如果捕食者还是紧追不舍呢？

对此，许多动物都不约而同地采用了相似的解决办法——它们发现最安全的办法是向上逃生！

跳跃这项技能的出现可以追溯到很久很久以前。早在4亿多年前，昆虫的早期祖先已经开始在布满苔藓和地衣的"微缩森林"中探索，或许这项技能正是在此后不久进化出来的。接着，无数的动物不约而同地发现了这种卓有成效的移动方式。

一次精彩绝伦的跳跃需要：

（1）可以向后伸展的长腿，为动物身体提供瞬间的向上推力。

（2）位于长腿顶端的某种特定物质，可以抑制、储存大量的能量，并在瞬间释放出来……

许多不同种类的动物都具备这两大要素！

↓ **蛙类**在遇到危险时，可以在一瞬间将自己弹射到空中。这股力量主要来源于蛙腿上的肌腱，它作用的原理类似于可以拉伸的橡皮筋。南非的尖鼻火箭蛙一下能跳3米多高，大概是普通人身高的2倍！

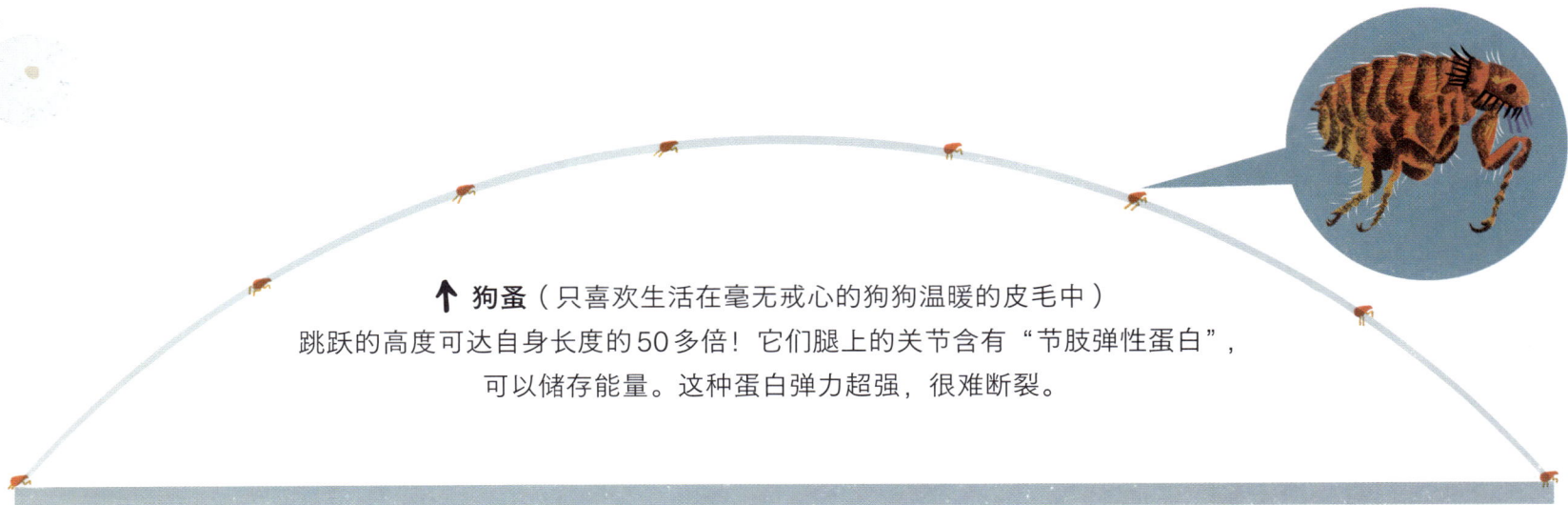

↑ **狗蚤**（只喜欢生活在毫无戒心的狗狗温暖的皮毛中）

跳跃的高度可达自身长度的50多倍！它们腿上的关节含有"节肢弹性蛋白"，可以储存能量。这种蛋白弹力超强，很难断裂。

↑ 如果你的两条腿发力不均该怎么办？这个复杂难解的问题却能在看起来平平无奇的虫子**伊苏斯飞虱**身上找到答案。其他昆虫跳跃时如果一条腿蹬得太快或用力过猛，就会出现身体偏转的情况。但伊苏斯飞虱并不会这样。在这种飞虱的腿部顶端长有极微小的齿轮结构：当它的一条腿蹬离地面，齿轮会随之转动，为另一条腿提供同等的推动力。因此，伊苏斯飞虱不仅跳得很远，跳跃的路线较其他大多数动物也更为平直。

↑ 大约1500万年前，由于气候变化，澳大利亚的森林逐渐被广袤开阔的草原代替，大洋洲的有袋动物（一类哺乳动物，有育儿袋可以携带幼崽，包括考拉及其近亲等）进化出了跳跃能力。也就是说，利用森林遮掩行踪、避开捕食者的办法已经行不通了，这些动物只能转而利用后腿跳跃求生。**袋鼠**的脚只有4根脚趾，其中3根都非常小巧，剩余一根大脚趾在袋鼠跳跃时，能释放出储存在肌腱中的能量，蹬离地面，让袋鼠以超过60千米/小时的速度向前疾冲。

在地下生活

　　向上攀爬或飞行都是可以躲避掠食者或有助于觅食的绝佳运动方式。但有些动物有别的选择：去往地下。

　　在地下挖洞生活乍看之下是一种万无一失的生存方式：既能避开捕食者，又能抵御寒冬，还有美味的蛴螬等蠕虫能填饱肚子。但事实上，在地下生活并不容易，需要具备一整套完备的生存技巧。你如果留心观察那些生活在地下（或洞穴）的动物，就会发现它们随时随地都要使用这些技能。穴居动物必须具备超级强壮的上肢才能推开沉重、潮湿的土壤、沙子；必须拥有

金鼹鼠

↑ 非洲的**金鼹鼠**进化出了极为强壮的前肢和形似铲子的大爪子。不过，与分布于亚洲、欧洲和美洲的各鼹科亚科鼹鼠不同的是，金鼹鼠在前进时，前肢并不是习惯于左右摆动，而往往是上下挥动。不可思议的是，相比鼹科亚科鼹鼠，金鼹鼠与大象的亲缘关系更为密切！

袋鼹

← 在几千千米之外，澳大利亚的哺乳动物在3900万年前与欧洲、非洲、美洲的哺乳动物分离，此后也在生命之树的枝干上独立进化出了本土的鼹鼠品种！**袋鼹**是袋鼠和小袋鼠的近亲，它们的育儿袋开口向后，这样它们挖地道时育儿袋就不会积满泥土了。

灵敏的触觉和嗅觉，弥补在黑暗中眼睛难以视物的劣势；还必须有在隧道狭窄幽闭、几乎没有氧气的情况下维持呼吸的能力。尽管这些动物都利用完全相同或极其相似的"超能力"来维持生存，但它们进化的方式却截然不同。

动物学家将生活在亚洲、欧洲和美洲的**鼹鼠**划归于鼹科的不同亚科。这些动物长有铲子般的大爪子，方便它们在挖洞时将大量泥土堆到地表。为了让爪子尽可能地大，鼹鼠的每只爪子都有一根额外的假拇指，从腕骨处生长出来。↙

鼹鼠

蝼蛄

← 习惯地下生活的不是只有哺乳动物！强壮的夜行昆虫**蝼蛄**利用自己巨大的前足挖洞，挖掘方式与鼹鼠极为相似。真是了不起的超能力啊！

大约1.5亿年前，其他现在生活在地下的动物都尚未开始进化之时，极早期的哺乳动物**挖掘柱齿兽**就已经在恐龙的脚下过着与鼹鼠类似的地下生活了。挖掘柱齿兽外形与金鼹鼠很相似，但它们和如今的哺乳动物都只是远亲。↓

挖掘柱齿兽

疾速游弋

虽然在整个地球生命史上，身形矫健、动作敏捷的海洋掠食者不断地进化，但想要在水流中高速前进依旧困难重重。事实上，在水流中游动会遇到很大阻力。

能够快速游动的海洋生物有强壮的尾巴和鳍来推动水流，但它们皮肤接触的水流会将它们向后拖曳。这种导致动物运动速度减小的力是**阻力**。如果想要游得更快，就需要更高效地运用一些在水中穿行滑动的方式，更准确地说，就是让身体结构更符合**流体力学**。

要想做到这一点，鱼类的身体表面必须光滑流畅，前端要十分尖锐，主要部分要纤薄但有力。鱼的尾巴必须坚硬有力，能有力地来回左右或上下摆动，同时不至于让身体大幅度摇摆。这种方式有个十分独特的名字：鲔（wěi）行式游泳，这种游泳方式曾在海洋中多次进化出来，成就了不少"海洋超级明星"。

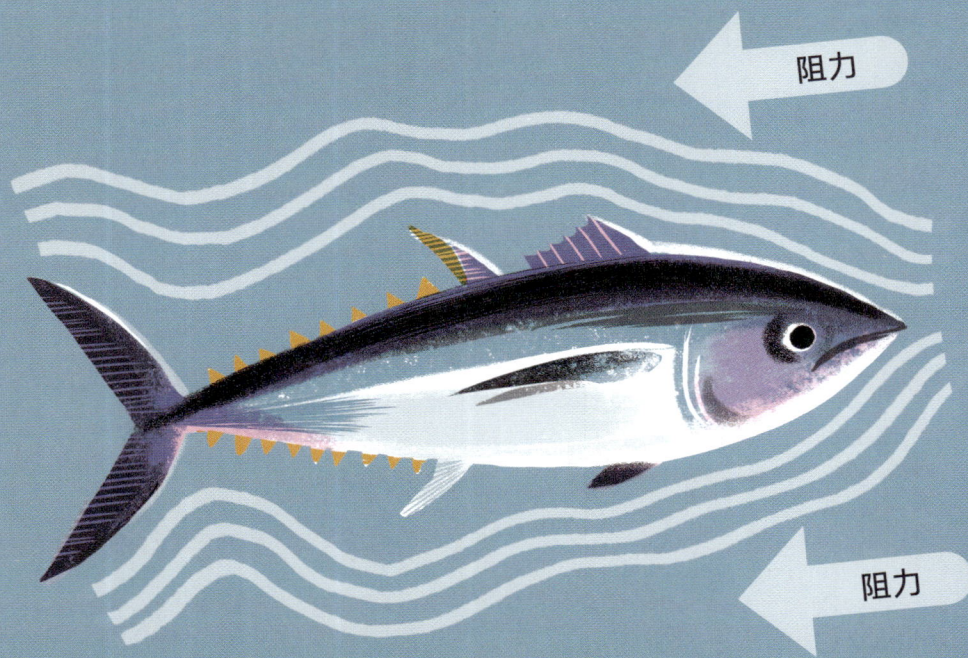

阻力

阻力

↑ 长达2米的**蓝鳍金枪鱼**身体前端尖尖的，身体布满肌肉，尾部十分结实，这些身体构造让它们能以近70千米/小时的速度在海中疾速游动。事实上，鲔行式游泳就是以金枪鱼[1]命名的。

1 这种鱼在日本被称为鲔。——译者注

→ **海豚**也进化出了类似的符合流体力学的体形，这样能方便它们捕捉动作敏捷的猎物。爬行动物**鱼龙**比海豚早了约2亿年就进化出了这样的体形！长满利齿的嘴，光滑的流线型身躯和结实的背鳍，这些构造在这两种截然不同的动物身上起着同样的作用：让它们行动敏捷，好捕捉滑溜溜的猎物。

早在海豚进化以前，深海之中就已经出现了游弋着的可怕身影：**鲨鱼**。它们有背鳍和新月形的尾巴，以及肌肉发达的光滑身躯。实际上，它们早在鱼龙出现前的1亿多年里就已经进化出了这样符合流体力学的身体。现如今的鲨鱼的外形也几乎没有改变，可以证明这种体形一定大有用处，才会一直被保留下来！毫无疑问，鲨鱼是成功的捕食者：身体细长的灰鲭鲨强壮有力的尾巴轻轻一甩，速度就能高达74千米/小时，让它们化身掠食杀手。↓

企鹅虽然没有采用鲔行式游泳，但一样有流线型身材。企鹅利用翅膀推动自己前行，强壮的身躯和尖利的喙保证它们能够以36千米/小时的速度在水中疾驰，捕食猎物。

背鳍

海豚

鱼龙

吸取花蜜

食物处处都是——只要你知道去哪里觅食、如何觅食。

有一种特殊的食物在花朵盛开的地方都能找到。数百万年来，嗜甜的动物一直以此为食，这种食物就是**花蜜**。

花蜜是一种十分神奇的食物，其中含有糖类和蛋白质、无机盐等对动物十分重要的化学物质。大多数植物在花朵内部某处生成花蜜，这样的手段非常巧妙：动物们想要获取花蜜，就会接触到花朵上产生或接受花粉的部位。动物们触碰不同的植物，花粉也就随之辗转于花朵之间，完成授粉，从而结出种子，再长出下一代植物。动物有了食物，植物结出种子，它们之间这种奇妙的双赢关系叫作**互惠共生**。

为了确保动物接触到花粉，许多花朵都长得千奇百怪。这意味着动物们也要纷纷进化出奇形怪状的长鼻子或者吻部，以便获取甘甜的花蜜。

蜂鸟

➜ 大多数以花蜜为食的动物都是飞在空中的昆虫，例如成千上万的各类**蜜蜂**和**苍蝇**。大部分植物都欢迎各种各样的昆虫来采集花蜜，有些植物却只允许少数特定种类的昆虫获取自己的花蜜——这样一来，它们的花粉就只会在同一种类的花朵间交换，不会浪费在其他种类上。一种生长在马达加斯加岛上的名为大彗星风兰的兰花就是如此，唯一能深入这种细长兰花的底部吸食花蜜并接触到花粉的昆虫是**马达加斯加长喙天蛾**，这种生物可以利用长达30厘米的吸管状口器吸取花蜜！

马达加斯加长喙天蛾

← 鸟类也是吃花蜜的好手。其中最出名的就是生活在美洲的**蜂鸟**，它们会获取含有大量糖分的花蜜，为高速飞行提供能量。蜂鸟拍打翅膀的频率能高达每秒80多次，这需要消耗大量的能量！

吸蜜鸟

长吻袋貂

↑ 在澳大利亚也独立进化出了一种吃花蜜的长喙小鸟——**吸蜜鸟**。这种鸟不像蜂鸟那样盘旋飞行，但从花朵中汲取花蜜的方式与后者大同小异。它们的舌头能够兜住花蜜，轻而易举地将蜜液送进喉咙。

以花蜜为食的哺乳动物主要是蝙蝠，它们长长的舌头易于从花朵中获取花蜜。其中包括生活在澳大利亚以植物花蜜等"素食"为食的**灰头狐蝠**，以及生活在墨西哥的小长鼻蝙蝠。小长鼻蝙蝠同样以花蜜为生，舌头的长度达到整个身体长度的1/3。→

灰头狐蝠

↖ 除了蝙蝠，仅有一种哺乳动物依靠花蜜为生，那就是生活在澳大利亚西南部、体形娇小的**长吻袋貂**。它们进化出了长长的舌头，这为汲取花蜜提供了便利。

吸 血

　　有花的地方必有花蜜，而动物所在之处，一定有另一种充满营养的液体：血液。

　　吸血是一种十分高明的进食方式，因为只要被吸食鲜血的动物还活着，吸食者就能源源不断地通过吸进肚子里的血液，为自己补充无机盐和蛋白质，完全不需要麻烦的咀嚼！不过动物想以吸血为生，也要满足两个重要的条件。

　　首先，要有一张极其锋利的嘴，可以刺入或者刮破动物的皮肤，这样才能吸食皮肤之下的血液。这一点显而易见。但另一个条件不但复杂得多，而且曾在不同物种间屡次进化出来，实在令人惊异。那就是拥有某些化学物质（通常存在于动物的唾液中），可以麻痹被吸食动物伤口周围的皮肤（防止被吸食动物恼怒）并防止血液凝固。一般而言，血液会在被吸食动物伤口处凝结，以防血流不止，但注入了这些特殊的化学物质，那些吸血动物就可以尽情享受美味、流动的血液，直到吃饱。

生活在加拉帕戈斯群岛的**吸血地雀**通常以植物果实和种子为食，但食物匮乏时，它们就会化身"吸血鬼"！吸血地雀会啃啄鲣鸟的腿和羽毛，让自己偷吃一顿营养丰富的霸王餐。虽然有点疼，但鲣鸟貌似不太介意吸血地雀总叮咬它们，这感觉也许就像我们被蚊子骚扰一样。不过，如果这些吸血地雀的行为太过火，鲣鸟就会拍拍翅膀飞走。↓

发现血液这种营养大餐后，**吸血蛾**的口器就在过去某个时间段发生了改变：
原本用于啜饮花蜜的吮吸式柔软口器，变成了坚硬得可以刺入哺乳动物皮肤的空心刺管。
如今，雄性吸血蛾以吸食血液为生，而雌性仍然利用口器吸食花蜜和果汁。

↓

有些以血为食的动物并不会"吸血"。比如，**吸血蝙蝠**进食时利用锋利的门牙刺破大型哺乳动物的一小块皮肤，
然后用舌头舔掉涌出来的血珠。

↓

论吸血昆虫，最出名的要数种类不计其数的**蚊子**。不过，只有雌性蚊子才会吸血，因为它们需要获取血液中的营养物质帮助产卵。↓

→ 虽然**水蛭**身体柔软，浑身黏糊糊的，但它们的口却锋利无比，能轻而易举地划破大型动物的皮肤，深刺进去。而为了让自己充满血液的沉重身体能紧紧附着在猎物身上，这种动物还长有强有力的吸盘。

刺

动物们五花八门的防御方式奇特而复杂，比如向攻击者喷洒毒液，或者利用伪装与周遭环境融为一体。但进化一次又一次地向我们证明：实践证明行之有效的东西，没有必要太复杂！

刺正是如此。想让捕食者敬而远之，最简单的办法莫过于用尖尖的利刺对准它的脸。即便是狮子这样的大型肉食动物，想吃掉豪猪也需要小心。

无论是长在哪里的刺（很多动物身上都有），都具备**锋利**和**坚韧**这两大关键特征！刺的锋利是因为它的形状——顶端比底部尖细；而坚韧是由于构成刺的物质——哺乳动物的刺是由一种名为角蛋白的物质（也是构成爪子、指甲和角的物质）构成的。

↓ 欧洲、非洲和亚洲已经发现了17种彼此亲缘关系十分密切的**刺猬**。这些小动物利用一层浓密坚硬的刺来保护自己：这些刺覆盖着它们柔软的脸部和腹部，使其免受猫头鹰、狐狸和雪貂的伤害。

↓ 在马达加斯加岛上，另一种小型哺乳动物也发现了刺的强大之处。**低地斑纹马岛猬**虽然看起来与刺猬十分相似，但它们其实与体形巨大、在水下生活的海牛的亲缘关系更加密切！低地斑纹马岛猬甚至能使用刺来互相交流：摆动身上的刺，让它们碰撞、摩擦，在灌木丛中发出清晰的咔哒声，以此进行交流。

旧大陆豪猪

刺猬

低地斑纹马岛猬

→ 自动物在地球上诞生以来，刺就一直是水下生物的防御利器。**怪诞虫**是一种外形奇特的蠕虫动物，它们生存的时代是5亿年前，比大多数动物开始进化的时间还要早。这种生物会利用身上的利刺来避免自己受到早期捕食者（比如长相怪异的欧巴宾海蝎）的伤害。如今，刺这种身体结构在水生生物身上随处可见，比如棘冠海星和现存的300多种**河豚**等。

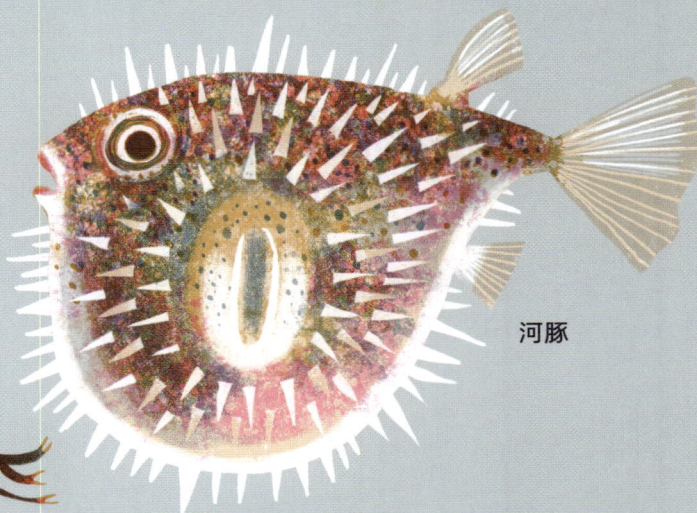

河豚

怪诞虫

↓ 有些啮齿类动物用身上的巨大尖刺来保护自己，以此抵御狮子和豹子，这样的进化无独有偶，在美洲以及欧亚大陆都出现了。例如，北美豪猪等**新大陆豪猪**（美洲豪猪科），生活在树上，身上布满了刺。这种锐利的刺很容易从豪猪的身上脱落，它们末端带有尖锐的倒钩，可以扎入任何攻击者的皮肤，被刺到会感觉非常疼！**旧大陆豪猪**（豪猪科）常于夜间在地面上活动，其中，冠豪猪还能利用它们独有的空心刺发出警告声，吓退捕食者。

新大陆
豪猪

肢体退化

今天，我们观察脊椎动物时，可以发现它们几乎都长有四肢，即便是那些没有"手脚"的动物，比如鱼，也长有鳍等器官。这些构造的主要作用都是一样的：帮助动物移动！

如此看来，动物的四肢似乎必不可少，而事实上并非如此："**没有四肢**"这种身体特征早已在进化史上出现了无数次，它还有助于生活在某些特定环境下的动物四处移动。

这一点貌似有些荒唐。既然几乎所有动物都有四肢，为什么某些动物的肢体退化后行动起来反倒更加方便？其实，如果动物的身体很长很长，肢体的作用就会相应地大打折扣。很多动物都进化出了较长的躯体，方便探索岩石间或树叶下狭小的缝隙，以搜寻美味的食物，寻找庇护所。对于这样的动物来说，比起使用相距甚远的四肢，利用身体紧贴地面前行反而更加高效。而没有四肢，它们的身体就会变得更加光滑流畅，不容易被卡住，以致动弹不得。这就是为什么有这么多动物的四肢都退化了！

↓ 提到没有四肢的动物，我们最先想到的可能是**蛇**。蛇是从有腿的爬行动物进化而来的。许多与恐龙同时期的早期蛇类（如**狡蛇**和真足蛇）仍长有后肢，只不过非常小，没什么实际作用！当动物代代繁衍，某些身体部位使用得越来越少时，它们就会越来越小，渐渐变得可有可无（例如人类的阑尾），这些部位称为"退化器官"。许多科学家认为，蛇类的四肢退化是因为它们大部分时间都在钻洞，四肢的存在只会阻碍它们行动。这一点不无道理，因为许多其他没有四肢的动物大部分时间也都在洞穴中度过。

→ 此外，其他爬行动物很多也同样全身光秃秃的，没有四肢。例如**盲缺肢蜥**和玻璃蜥蜴等缺肢蜥类动物，它们的生活环境与蛇相差无几，因而四肢也以类似的方式退化了，这样它们就能在灌木丛中快速移动。虽然它们看起来和蛇外形相似，但它们绝对不是蛇（蛇没有眼睑，而它们有）。它们是完全独立地进化成没有四肢的动物的。

← 有些蜥蜴几乎没有四肢，但也不是完全没有四肢，或许是因为它们的肢体还未来得及完全退化。即便后肢宛如尖刺，也并不妨碍这些蜥蜴行动，或许它们正在逐渐完全退化为没有四肢的生物。以来自澳大利亚和新几内亚的**鳞脚蜥**为例，它们是一种特别的壁虎。壁虎大都长有善于攀爬的脚，而这些身体长长的蜥蜴却大部分时间都在地面行动，四肢也退化了，仅剩两条甚少使用的鳞瓣状后肢。或许几百年后，不管是鳞瓣状的还是别的形态的后肢，鳞脚蜥都不会有了！

鳞瓣状后肢

↓ 在生命之树的另一个分支上，有些两栖动物也没有四肢，比如形似蠕虫的**蚓螈**。这些细溜光滑的生物生活在潮湿的热带地区的洞穴中。它们的头骨非常坚固且尖锐，可以轻松穿过土壤和灌木丛搜寻昆虫等无脊椎动物。

弹射舌头

动物们纷纷进化出巧妙的方式躲避危险，这对捕食者们来说就是烦恼了。猎手们总得吃饭！

捕食者们为了捕捉猎物，一种进化趋势是提升自己追赶猎物的能力：瞪羚奔跑的速度很快，但猎豹能跑得更快……这是一场"你追我赶"的进化游戏，猎物们总是试图比捕食者领先一步。

但有些捕食者的生理结构难以适应疾速奔跑，无法进化出更快的奔跑速度，只能另寻他法。一些行动缓慢的捕食者经过不断进化，不约而同地找到了一种破解之法：提高速度，但只提高身体某个部位的速度就够了，那就是舌头！这些动物进化出了特殊的肌肉，让舌头能从嘴里"射"出。因此，即便这些掠食者无法靠近猎物，也依然能对它们构成巨大的威胁……

投射肌

牵缩肌

↓ 这一"爆发"技能是在**变色龙**身上发现的。变色龙是一种眼睛古怪、身体会变色的狩猎蜥蜴，主要生活在非洲以及欧洲、亚洲的部分地区。变色龙的舌头通常为身体长度的2倍。**枯叶侏儒避役**等体形微小的变色龙，拥有动物界速度最快的舌头，能在1/10秒内加速到100千米/小时！

← 如今，世界上只有三大类两栖动物：无尾目动物（蛙和蟾蜍），有尾目动物（蝾螈、小鲵和大鲵），无足目动物（蚓螈）。但在1.6亿年前，还有一类名为**阿尔班螈**类的两栖动物。这种古老的两栖动物外形与蝾螈相似，独立进化出了能弹射的舌头，不过弹射的方式和今天的变色龙更为相似。

→ 在很久以前，**蛙类**捕捉猎物时弹射舌头的速度相对较慢，后来在不断进化的过程中逐渐演变出出击速度极快的"弹道式"舌头，以及用来控制舌头的错综复杂的神经和大脑。

→ 许多**无肺蝾螈**都能利用"弹道式"舌头来捕捉猎物。和蛙类一样，这些两栖动物生活在阴凉潮湿的环境中，但它们的"弹道式"舌头是独立进化出来的。通常，蝾螈会猛地将舌头从嘴里甩出来（连同舌头底部的骨头一起！），但无肺蝾螈的超强劲"弹道式"舌头是由舌头后面特殊的弹簧状肌肉弹射出的。这两种玲珑可爱的肉食动物并非一起进化出了这项技能，它们是各自独立进化完成的。

擅长缠绕的尾巴

在地面行动是一种相当安全的活动方式：即使摔倒也不至于摔得多重。但如果住在树上就另当别论了。

很多动物都会爬到树上去吃美味的果子和虫子，这是避开绝大多数地面捕食者的好办法。但在高高的枝干上滑倒或踩空都可能是致命的。这样看来，生有四肢的树栖动物要是能多长一肢，用"五肢"抓住树干不是更好吗？

不过，让脊椎动物长出额外的手臂或腿，无异于天方夜谭。但有几种动物想出了相同的解决办法：利用尾巴。

大多数脊椎动物都有尾巴，主要用于帮助它们移动（比如鱼）或发出信号（比如狐猴和各种各样的蜥蜴）。然而，许多动物进化出了可灵活移动，**擅于抓握、缠绕的尾巴**，让它们在遇到危险时抓得更牢。

← 大约2亿年前，一群特殊的爬行动物领先于其他动物，率先进化出了可以灵活缠绕的尾巴。**镰龙**生活在三叠纪（2.52亿至2.01亿年前，正是恐龙开始在地球上留下印记的时候），会利用带钩的尾巴挂在枝干上。虽然古生物学家尚不确定这种生物的生存方式，但它们的脖子强壮结实、能快速移动，爪子与变色龙十分相似，科学家们根据这些线索推测，镰龙似乎主要以昆虫这样能快速移动的小型猎物为食。

→ 相比猴子，长相奇特的**熊狸**与老虎的亲缘关系更为密切。它们擅长用毛茸茸的尾巴末端卷握，这是它们在东南亚寻找浆果、坚果和昆虫的过程中独立进化而来的。这样一条毛茸茸的尾巴还可以充当舒适的枕头，夜晚睡觉时能依偎其中。

↑ 提到吊着尾巴荡来荡去的动物，我们通常会想到猴子。但实际上，仅有蜘蛛猴、**吼猴**等少数几种猴的尾巴拥有灵活缠绕的能力。这些猴子只存在于中美洲和南美洲。它们的尾巴末端没有毛，就像我们的手掌一样灵敏，具备感知能力和抓握能力！

↑ 世界上共有200多种**变色龙**，包括所有体形较大的在内，大多数种类的变色龙的尾巴都有缠绕的能力。当它们在树枝间移动时，尾巴就是好帮"手"；而当它们向猎物射出可弹射的强健舌头时，尾巴则会起到稳定身体的作用。

→ 不止是树栖动物拥有能灵活抓握的尾巴。**海马**身体十分僵硬，不像其他鱼类那样擅长游泳。但它们披着"铠甲"的方形尾巴十分灵活，可以紧紧缠住滑溜溜的海草和其他水下植物，这样它们在遇到强烈的水流时，就能停留在原地，不至于被带走。

分工合作

生存，就意味着有一大堆要做的事情：寻找食物，打扫房屋，照顾后代……唉！如果能有人分担，那就轻松多了。

大多数动物只照顾自己和自己的后代，但少数不同寻常的物种会以数十、数百甚至数千的数量聚成族群，为了整个群体的利益而互相帮助。

分工合作的办法实在太有用了！像建造巢穴这样的大工程也能够快速完成。动物们也能依靠数量优势保护自己，免遭捕食者的侵害。动物的这种特性被称为**真社会性**，也是一种动物的"超能力"，能为小型动物带来**巨大的**生存优势。有些动物（例如哺乳动物）成年后体形能长到很大，是因为它们拥有精密的呼吸系统、循环系统和强壮的骨骼。但昆虫无法效仿，过大的体形会让它们的身体内部无法获取足够的氧气，而且坚硬的外骨骼也无法再保护它们了。但通过分工合作，众多的小型昆虫汇聚在一起就堪比大型动物：它们不同的分工犹如大型动物的不同身体部位，有的负责收集食物，有的负责抵御危险……各司其职。每个团队，或者说"等级"，只负责一种工作，因而逐渐变成了专业的"熟练工"。

真正令人感到难以置信的是，这种生活方式不仅出现在昆虫中，还出现在其他一些更令人意外的动物中。

↓ 各种各样的蜜蜂、胡蜂和蚂蚁都过着群居生活，彼此分工合作。其中有些群体数量之庞大让人震惊，**切叶蚁**蚁群成员数量可达800万！

↓ 蚁群有等级之分。蚁后负责产卵，工蚁负责大量的建筑工作，兵蚁则负责保护蚁群免遭入侵者的伤害。这种等级的划分也存在于**白蚁**蚁群中。实际上白蚁与蟑螂的亲缘关系更近，与蚂蚁、胡蜂和蜜蜂则基本不相干。

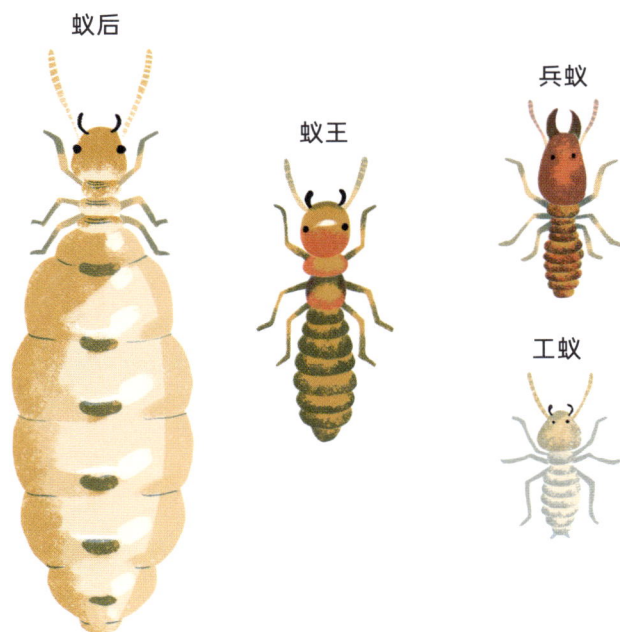

蚁后

蚁王

兵蚁

工蚁

↑ 在海洋中过着群居生活的动物只有某些种类的半透明的**枪虾**。数以百计的不同枪虾，彼此之间都存在亲缘关系，它们聚居在珊瑚礁中的海绵动物内部和周围，搜寻海水中掉落的食物碎片，并用自己强健有力的钳子保护家园和虾后。

← 最令人意想不到的是，有一种哺乳动物也进化出了真社会性：看起来很特别的**裸鼹鼠**。这种全身皱皱巴巴的啮齿动物牙齿长在嘴唇外，几乎察觉不到疼痛，还对癌症具有免疫力。这些特质确实有趣，它们在地下也同样过着聚居生活，族群往往多达300只，只有一只雌性负责生育。如果另一只雌性开始表现出"鼠后"的特征，双方之间就会展开极其激烈的战斗，争夺鼠群领袖的王冠。

滑 翔

　　飞行真的是一件非常复杂的事，需要有强健有力的上肢肌肉，形状恰到好处的翅膀，有精准的感官来监测风向和速度，以及保证空中飞行的大量脑力。

　　如果不必进化出飞行所需的身体部位，就能享受飞行的诸多益处（比如避开捕食者，轻松进行长途迁移），岂不是棒极了吗？

　　为此，世界各地的很多动物进化出了**滑翔**能力。

　　滑翔相比飞行来说要容易得多。滑翔只需要可以伸展或变得扁平的身体构造（这种构造称为"翼膜"）来驾驭气流，以及控制滑翔方向的能力。尽管所有动物滑翔的基本原理都是一样的，但不同的身体构造却使得它们各自的滑翔方式大相径庭。

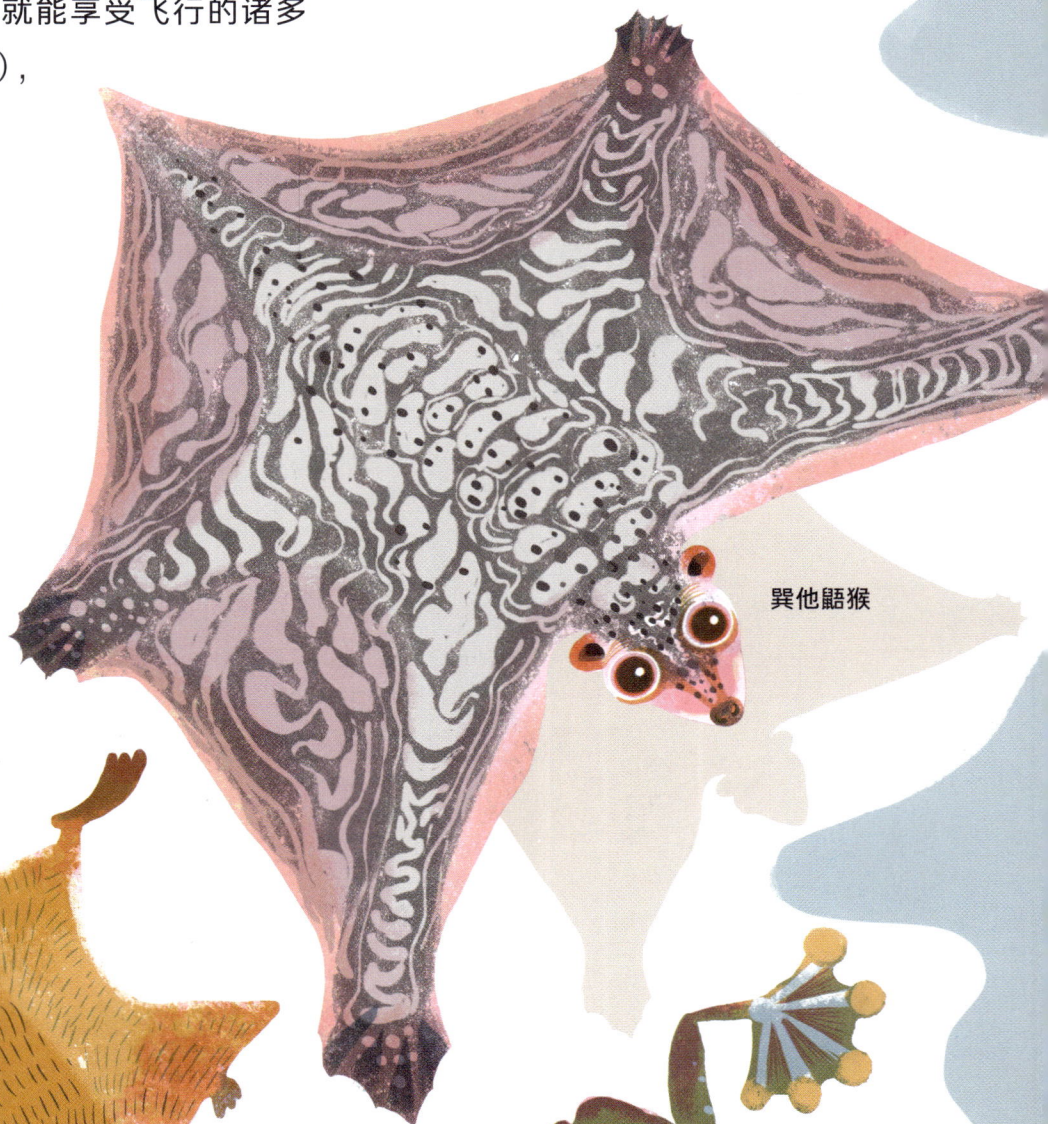

巽他鼯猴

鼯鼠

华莱士飞蛙

　　→ 你可能已经知道松鼠是一种尾巴毛茸茸的动物，它们总在我们头顶上的枝丫间跳来跳去。但在亚洲、欧洲和北美，有50种**鼯（wú）鼠**。它们可以通过伸展与四肢相连的柔韧皮肤在林间滑翔。

远古翔兽

天堂树蛇

飞蜥

← 令人惊讶的是，早在1.25亿年前，与鼯鼠和鼯猴毫无关系的极早期哺乳动物，就已经在恐龙头顶上滑翔了。比如**远古翔兽**这样的哺乳动物，它们的手、脚和尾巴之间进化出了一层毛茸茸的膜。

↑ 在不断进化的过程中，爬行动物纷纷演化出各种各样的方式进行远距离飞跃。今天，生活在南亚和东南亚的**天堂树蛇**在树间跳跃时，会让身体变得扁平，以此降低下降速度。**飞蜥**，一种生活在东南亚和南亚的"飞行"蜥蜴，伸展的肋骨上覆有一层皮肤充当"翅膀"，以此在印度尼西亚的森林里滑翔。

← 在东南亚，尽管相比松鼠，瘦瘦长长的**巽（xùn）他鼯猴**与猴子之间亲缘关系更加密切，但它们也同样进化出了滑翔技能，前肢与后肢之间、后肢和尾巴之间甚至长有一层皮肤！

沙洛夫龙

← 东南亚的**华莱士飞蛙**和许多生活在热带的蛙一样，也生活在森林的树枝高处。不同的是，它们逃避危险时，会展开长长的手指和脚趾之间的那层皮肤，驾驭气流，以跳伞的方式逃离蛇和猛禽。

↑ 在三叠纪时期，爬行动物**沙洛夫龙**进化出了一种略有不同的滑翔方式。它们并非利用覆盖在肋骨区域的皮肤，而是用后肢和尾巴之间的翼膜在空中飞行。这种三角翼膜与今天人类制造的三角翼飞机机翼的工作原理十分相似！

剑 齿

有时候，进化会创造出一些令人大为震撼的身体构造，而其中最令人震撼的莫过于剑齿动物那超长的牙齿了。

剑齿动物究竟是如何使用它们那可怕的牙齿的，这一点至今仍是个谜团。是像使用刀子一样劈砍切割，还是其他方式，科学家们对此争论不休。今天的绝大多数大型猫科动物捕杀猎物时都是用巨大的力量压迫猎物脖颈，使之窒息而亡，但美洲虎（美洲豹）更喜欢利用自己强壮无比的下颌咬穿动物的头骨。剑齿虎（剑齿虎亚科动物）[1]使用牙齿的方式是否与此类似，目前尚不清楚，但它们确实具备各式各样的能力来杀死猎物。

剑齿虎的嘴可以张得很大，任何现代猫科动物都无法匹敌，有些种类的嘴张大时上下颌的角度可超过90°！现在的大多数猫科动物都比较纤细精悍，剑齿虎却截然不同，它们体形庞大，几乎可以和熊媲美，健壮有力的前肢可以将大型猎物牢牢抓住。

1 科学上狭义的剑齿虎概念仅指剑齿虎属的几个种，更广义的大众概念可以指所有剑齿虎亚科动物（剑齿猫科动物）。此处为广义上的概念。——编者注

➡ 如果你心里正在浮现剑齿虎的样子，那么你想到的大概是**刃齿虎**。这种著名的猫科动物属于剑齿虎的一种。剑齿虎是指一群大约在2000万年前进化出来的猫科动物，习惯用细长的犬齿捕食野牛、猛犸象和地懒等大型猎物。剑齿虎并非真正意义上的老虎，但也是巨型猫科动物。刃齿虎可能是史前最大的猫科动物，体重几乎堪比雄性北极熊。

↑ **袋剑齿虎**或许看起来很像刃齿虎，但比起猫科动物，它们与考拉的关系更亲近。这种生活在中新世中期到上新世末期的有袋类动物和剑齿虎一样，进化出了巨大的犬齿。但它们之间有一点很大的不同，袋剑齿虎形似刀子的牙齿恰好可以嵌入它们从下颌向下延伸的鞘状凹槽中。

↑ 在剑齿虎出现的2000多万年前，**猎猫**已经率先进化出了剑齿。这种肉食动物并不属于猫科动物，反倒与现代的獴和鬣狗的亲缘关系更密切。它们的下颌和袋剑齿虎一样，长有可容纳牙齿的鞘。

↑ 与恐龙时代出现的剑齿动物相比，上述所有动物都不过是后辈。两亿年前，**丽齿兽**这种捕食者就进化出了一对可怕的犬齿。和其他动物一样，丽齿兽最终也演变为哺乳动物，但它们生活的时代距今太过久远，科学家们至今仍不确定这种动物是否生有毛发，是变温动物还是恒温动物。

进化的力量

地球上的生命史，是一个讲述生命如何历经艰险、穿越重重荆棘、挣扎求生的真实故事。即便到了今天，动物们仍然必须使出浑身解数撑过每天的24个小时，避免沦为其他动物的腹中餐，努力不让自己挨饿，警惕从树上失足坠下。事实上，动物生存清单上桩桩件件都绝非易事！

但是，正如你所看到的，地球上的生命史也是一个关于各种巧妙进化和高明应对的故事。动物王国里那些随处可见的"超能力"和不可思议的身体构造都是进化的最高成就，是拨开自然界重重荆棘的永恒答案！

像章鱼、豚鼠和水母这样迥然不同的动物，历经百万年的漫长时光，所在区域相隔数千千米，却在不断进化的过程中不约而同地演化出了如出一辙的神奇"超能力"。这一现象不但证明这些技能对于现存的动物们来说多么必要，更展示了进化是多么不可思议和高效，让动物们逐渐具备了在地球上进食、藏身、狩猎等生存所必备的能力。

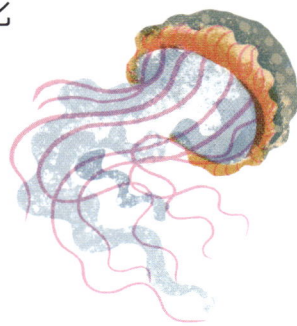

词汇表

进化

随着时间的推移，生物的外形、生活习性等在世代之间逐渐发生变化的发展过程。

灭绝

一个物种的最后一个个体死亡，就代表这个物种灭绝了。灭绝是一种自然现象，但人类活动对环境的影响可能会加速某些物种的灭绝。

无脊椎动物

身体中轴无脊椎骨组成脊柱的动物。从水母到昆虫，地球上的大多数动物都是无脊椎动物。

哺乳动物

以乳汁哺育幼仔的脊椎动物，身体的某些部位有毛发，耳朵里有三块听小骨。

捕食者

以其他动物（猎物）为食的动物。

猎物

被其他动物（捕食者）吞吃的对象。

物种

群体之间，与其他动物相比更加相似的许多动物。老虎、人类和金枪鱼都可以称为物种。

进化树

一种表示所有物种亲缘关系的方式。在枝干的顶端是所有现存的物种。枝干相距越近，就代表枝干上的物种亲缘关系越密切。

脊椎动物

有脊椎的动物，包括鱼类、爬行动物、鸟类、哺乳动物和两栖动物等。

本书中文简体版版权归属于银杏树下（上海）图书有限责任公司

著作权合同登记号　图字：22-2024-095

图书在版编目（CIP）数据

动物超能力：20种神奇的生存技能 /（英）尼克·

克兰普顿著；王赓玉绘；林灵译. —— 贵阳：贵州人民

出版社，2024.12. —— ISBN 978-7-221-18553-2

Ⅰ. Q95-49

中国国家版本馆CIP数据核字第2024Q75D17号

DONGWU CHAONENGLI: 20 ZHONG SHENQI DE SHENGCUN JINENG

动物超能力：20种神奇的生存技能

[英]尼克·克兰普顿　著

王赓玉　绘

林　灵　译

出版人：朱文迅	选题策划：北京浪花朵朵文化传播有限公司
出版统筹：吴兴元	责任编辑：欧杨雅兰
特约编辑：杨　岚	责任印制：常会杰
营销推广：ONEBOOK	装帧制造：墨白空间·余潇靓

出版发行　贵州出版集团　贵州人民出版社

地　　址　贵阳市观山湖区会展东路 SOHO 办公区 A 座

印　　刷　鹤山雅图仕印刷有限公司

经　　销　全国新华书店

版　　次　2024 年 12 月第 1 版

印　　次　2024 年 12 月第 1 次印刷

开　　本　1020 毫米 × 1220 毫米　1/16

印　　张　3.5

字　　数　80 千字

书　　号　ISBN 978-7-221-18553-2

定　　价　96.00 元

读者服务：reader@hinabook.com 188-1142-1266

投稿服务：onebook@hinabook.com 133-6631-2326

直销服务：buy@hinabook.com 133-6657-3072

官方微博：@浪花朵朵童书